Henri Blerzy

Les Phares et les Balises des côtes de France

Étude

 Le code de la propriété intellectuelle du 1er juillet 1992 interdit en effet expressément la photocopie à usage collectif sans autorisation des ayants droit. Or, cette pratique s'est généralisée dans les établissements d'enseignement supérieur, provoquant une baisse brutale des achats de livres et de revues, au point que la possibilité même pour les auteurs de créer des œuvres nouvelles et de les faire éditer correctement est aujourd'hui menacée. En application de la loi du 11 mars 1957, il est interdit de reproduire intégralement ou partiellement le présent ouvrage, sur quelque support que ce soit, sans autorisation de l'Éditeur ou du Centre Français d'Exploitation du Droit de Copie , 20, rue Grands Augustins, 75006 Paris.

ISBN : 978-1976540400

10 9 8 7 6 5 4 3 2 1

Henri Blerzy

Les Phares et les Balises des côtes de France

Étude

Table de Matières

Introduction   **6**

Section I   **7**

Section II   **21**

Introduction

Le navigateur qui passe à distance le long des côtes septentrionales de la Méditerranée aperçoit çà et là, sur le sommet de hautes montagnes, de petites tours blanches qui conservent encore en plus d'un endroit le nom de tour des Sarrasins. En chacun de ces édifices veillait, dit-on, un guetteur qui, lorsqu'il découvrait au large certaines voiles d'une forme bien connue, allumait un grand feu, non point pour conduire les navires au port, mais pour annoncer aux habitants des villages voisins que l'ennemi avançait, et qu'il était temps de le fuir ou de s'armer contre lui. Ces côtes étaient en effet fréquemment menacées par les incursions des Barbaresques. Toute voile douteuse était réputée hostile ; c'est à peine si pour guider les navigateurs on entretenait quelques signaux de nuit à l'entrée des ports ou à l'embouchure des grands fleuves. Le marin, de son côté, s'il apercevait un feu à l'horizon, jugeait prudent de s'en écarter, car il était arrivé plus d'une fois que des feux avaient été allumés dans une intention coupable, pour attirer les navires à la côte et faire profiter les riverains du droit barbare d'épaves. Il en est bien autrement aujourd'hui. Des feux d'une grande portée, qui sont allumés toutes les nuits, percent au loin l'opacité de l'horizon et signalent au marin l'approche du littoral quand il en est encore assez éloigné pour se mettre en mesure d'atterrir sans danger ; puis, à mesure qu'il se rapproche du rivage, apparaissent d'autres feux moins éclatants qui lui indiquent les sinuosités de la côte, signalent les bancs dangereux, jalonnent les passes abordables, font connaître même à l'entrée des principaux ports, de l'Océan la hauteur de la marée, et guident le navire jusqu'à ce qu'il soit à l'abri dans une rade ou dans les bassins d'un port. Pendant le jour aussi, des balises et des bouées révèlent les dangers cachés sous l'eau, et des *amers*, entretenus avec soin aux endroits les plus visibles du rivage, fournissent au navigateur les points de repère de la route à suivre.

Prévenir les naufrages en signalant les écueils, abréger la durée des traversées en permettant aux navires d'atterrir de nuit presque avec autant de sécurité que pendant le jour, par suite diminuer les risques et le prix de revient des voyages maritimes, tel est le but à la fois humain et commercial de cette grande œuvre du balisage et de l'éclairage des côtes, — œuvre toute française, car un savant français a inventé les merveilleux appareils qui couronnent aujourd'hui les phares de toutes les nations européennes, et ce sont des ingénieurs français qui ont donné au système actuel des phares et des balises la plus large et la plus complète application. Cette vaste entreprise est à peu près terminée sur tout notre littoral, de Dunkerque au Socoa et de Port-Vendres à Nice. Il n'est pas sans intérêt de présenter l'ensemble des travaux qui ont été exécutés et d'exposer d'une façon rapide les principes qui ont présidé à l'organisation du système.

Section I

Le nom de *phare* vient, on le sait, d'une tour célèbre qui avait été édifiée dans l'île de Pharos par Ptolémée Philadelphe, afin de signaler l'entrée du port d'Alexandrie. Elle méritait à juste titre d'être rangée parmi les sept merveilles du monde, s'il faut en croire les récits des historiens qui lui assignent une hauteur de plus de cent brasses et prétendent que son feu était visible à cent milles de distance. On parle même d'un grand miroir qui était placé au sommet et qui était destiné à observer les flottes ennemies. Ce que l'on sait des exagérations habituelles aux annalistes ne permet guère d'ajouter foi à de tels récits, d'autant plus que les phares de nos jours n'ont jamais une portée comparable à celle qu'on attribue au phare d'Alexandrie. Nous disposons cependant de moyens d'éclairage de beaucoup supérieurs à ceux que connaissaient les anciens. On rapporte aussi qu'un signal de nuit éclairait le bosphore de Thrace. En Italie, l'entrée du port d'Ostie était indiquée par un feu. Pouzzoles et Ravenne eurent des phares d'une architecture magnifique et construits en pierres blanches afin d'être mieux vus de loin en plein jour. Des édifices du même genre furent sans doute élevés par les Romains sur tous les rivages qu'ils fréquentaient, du moins il en est resté longtemps des vestiges en certains pays. On voyait encore au XVIIe siècle un phare de construction romaine que Caligula avait fait élever sur la côte de France, près de Boulogne. Tous ces feux, destinés à montrer de loin aux navigateurs l'entrée des principaux ports, avaient le même but ; mais l'éclat en devait être faible et incertain, la science de l'optique étant alors dans l'enfance. On n'avait aucun souci à cette époque d'éclairer les parties intermédiaires du littoral, et le navigateur, qui n'osait s'éloigner de la terre, n'avait pendant la nuit, comme aujourd'hui sur les côtés barbares, aucun guide qui lui indiquât la voie à suivre. En résumé, il peut être vrai que les phares des siècles passés fussent, ainsi que les historiens le racontent, des monuments remarquables et des merveilles d'architecture ; mais on peut affirmer sans crainte que la lueur terne et vacillante qui en émanait était loin d'avoir l'éclat et la régularité des lumières de nos phares modernes.

L'éclairage des côtes repose maintenant sur de tout autres principes. On a jugé avec raison qu'il importait avant tout de signaler au navigateur arrivant du large l'approche de la terre, puisque c'est près de la terre que la navigation est exposée aux plus grands dangers. Le littoral présente de distance en distance des caps qui avancent plus ou moins en mer, ou bien des îles, des récifs, des écueils sous-marins qui doivent être évités. Sur les pointes les plus extrêmes sont établis les phares de premier ordre, dont les feux sont élevés à une grande hauteur et sont garnis des appareils optiques les plus puissants, en sorte qu'ils s'annoncent à la plus grande distance. Ils sont espacés les uns des autres de telle façon qu'il soit impossible, à moins d'une brume intense, d'arriver près de terre sans avoir au moins l'un d'eux en vue ; de plus leurs feux sont diversifiés par des combinaisons d'éclipsés et d'éclats alternatifs, de telle sorte que le navigateur reconnaît au seul aspect de la lumière le nom du phare qu'il aperçoit. S'il longe la côte pendant la nuit, il est certain d'être à l'abri de tout danger en se tenant au large de ces feux, et à mesure que l'un d'eux s'éteint et disparaît à l'arrière dans les brumes de l'horizon, un autre se lève à l'avant et lui trace une nouvelle route. Ainsi entre deux phares de premier ordre s'étend une baie plus ou moins ouverte dans laquelle les navires qui longent le littoral n'ont pas besoin de s'enfoncer. Les caboteurs ont la faculté de naviguer de nuit aussi bien que de jour, en se tenant à bonne distance de la côte ; mais ceux qui veulent gagner un port sont obligés de pénétrer dans cette première ligne de feux, et ils rencontrent alors les phares de second et de troisième ordre, d'une portée moindre, qui leur font éviter les caps secondaires, les écueils de la baie, les bancs de sable dont il est prudent qu'ils se tiennent éloignés. Lorsque l'embouchure d'un fleuve ou l'entrée d'un port n'est accessible, — c'est un cas très fréquent, — que par des passes assez étroites dont un pilote même ne saurait reconnaître la direction pendant la nuit, d'autres feux de même ordre sont placés dans l'alignement du chenal et montrent quelle route il faut tenir. C'est ainsi que l'entrée en Gironde se trouve signalée par onze feux de premier, de second et de troisième ordre, qui portent plus ou moins loin, selon qu'il a été reconnu nécessaire. Enfin, quand le navire est arrivé près du port qui est le but de son voyage, il aperçoit sur les jetées de simples fanaux, des feux de quatrième ordre d'une bien moindre puissance, qui le guident encore jusqu'à ce qu'il ait pénétré dans le chenal.

Ces différents feux, qui sont souvent rapprochés les uns des autres à tel point qu'on en voit plusieurs ensemble, doivent offrir, on le comprend, des caractères bien distincts, car le navigateur serait exposé à les confondre et à se mettre en perdition, surtout lorsqu'il arrive du large, et que, les nuages lui ayant caché la vue du » ciel depuis plusieurs jours, il n'a pu faire les observations nautiques qui rectifient sa route. Autrefois il eût été difficile de varier l'apparence des feux de phare ; on ne connaissait jusqu'à la fin du siècle dernier d'autre procédé d'éclairage à grande portée que des feux de bois sec ou de charbon de terre, et l'on ne savait en modifier l'aspect que par des verres colorés de diverses nuances, ce qui est un moyen très imparfait, parce que les brumes qui s'étendent au-dessus de la mer dénaturent souvent les couleurs. Le brouillard colore en général les feux d'une teinte plus ou moins rougeâtre et donne à une lumière blanche l'apparence d'une lumière colorée. D'ailleurs les verres colorés ont le grave inconvénient d'absorber une forte partie de la lumière qui les traverse ; ils enlèvent donc aux feux qu'ils recouvrent une fraction de leur intensité. Le progrès ne pouvait être réalisé que par des procédés nouveaux ; il fut une conséquence immédiate des appareils très perfectionnés qui ont été inventés depuis moins d'un siècle.

On commença par perfectionner la lampe. Ce modeste ustensile ne fut longtemps composé que d'un réservoir à l'huile et d'une mèche plate ou ronde assez épaisse dans les fibres de laquelle le liquide combustible s'élevait par capillarité. Cette sorte de lampe ne donnait qu'une lumière rougeâtre et fumeuse, parce qu'il n'y avait pas autour de la mèche un courant d'air assez actif pour que la combustion de l'huile fût complète. On l'emploie encore quelquefois en certains pays comme lampe économique ; il est facile d'en reconnaître les défauts au seul aspect de la mèche et de la flamme. Ce fut vers 1784 que le physicien Argant inventa le bec à double courant d'air qui est aujourd'hui d'un usage général, et qui se compose, ainsi que chacun peut le voir, d'une mèche en forme de cylindre creux contenue dans une cheminée en verre. La chaleur due à la combustion de l'huile produit un tirage énergique qui fait circuler l'air en abondance à l'intérieur et à l'extérieur de la mèche. Un peu plus tard, on eut l'idée de rétrécir la cheminée en verre à une petite distance au-dessus du bec, afin que le courant d'air fût directement projeté sur la flamme et pût d'autant mieux activer la combustion de l'huile. Ces perfectionnements ont pour base un principe d'une simplicité élémentaire, à savoir que l'huile, de même que toutes les autres substances combustibles, brûle mal et dépose beaucoup de suie lorsqu'il y a insuffisance d'air, tandis que la combustion est complète et produit une flamme blanche, si l'air est en excès. Plus tard, Carcel imagina encore d'amener l'huile sur la mèche en quantité surabondante, afin d'éviter réchauffement du bec et de rendre la flamme plus régulière. Il réussit également par ce procédé à faire marcher les lampes pendant plus longtemps sans qu'elles eussent besoin d'être mouchées. Ces divers perfectionnements sont sans doute bien connus, car il n'est personne qui n'ait sous les yeux une lampe moderne et n'en connaisse les dispositions essentielles. On me pardonnera cependant de les avoir rappelés ; c'est sans contredit l'un des exemples les plus manifestes de l'amélioration que les principes physiques permettent d'introduire dans les instruments d'un usage journalier. La lampe vulgaire est, dans sa simplicité apparente, l'un des plus ingénieux appareils que l'on puisse concevoir.

 Les lampes employées dans les phares ne diffèrent pas beaucoup, si ce n'est par le calibre, de celles qui servent aux usages domestiques. C'est tantôt la lampe Carcel, où l'huile est aspirée jusqu'à la mèche par un mouvement d'horlogerie, tantôt la lampe modérateur à poids, où une masse pesante, en déroulant un treuil, produit le même office, tantôt enfin, mais seulement pour les fanaux de faible portée, la lampe à niveau constant, où le réservoir à l'huile est placé sur le côté et à la même hauteur que le bec. Il convient de noter cependant un perfectionnement remarquable qui a été introduit par Arago et Fresnel dans ces appareils d'éclairage. Au siècle dernier, Rumford avait suggéré l'idée d'amplifier le pouvoir éclairant des lampes en y adaptant des becs à plusieurs mèches concentriques ; mais lorsqu'on avait essayé d'en faire l'application, on avait éprouvé beaucoup de difficultés à régler la flamme de ces mèches multiples et à empêcher la carbonisation rapide des mèches sous l'action de la chaleur intense que développe la combustion. C'est par l'étude de cette question que Fresnel et Arago commencèrent leurs belles expériences sur l'éclairage des phares. Après des essais réitérés, ces deux savants arrêtèrent le type des lampes actuelles, remarquables non-seulement par la blancheur et l'intensité de la lumière qui en émane, mais aussi par la longue durée de leur marche, car elles peuvent fonctionner plus de douze heures sans qu'il soit nécessaire d'y toucher. Il est aisé de comprendre que ce dernier avantage est d'une importance capitale pour des feux qui doivent rester allumés pendant toute la durée des plus longues nuits d'hiver. Aujourd'hui les phares de troisième ordre sont éclairés par des lampes à deux mèches concentriques, ce qui constitue en quelque sorte deux lampes en une seule. Il y a trois mèches dans les lampes des phares de second ordre et quatre mèches dans ceux du premier ordre. Dans ces derniers on arrive à produire avec un seul appareil d'éclairage l'éclat de vingt-trois lampes Carcel. Le foyer lumineux, doué d'une si grande puissance, ne présente cependant qu'une flamme de largeur médiocre, et la lumière en est aussi blanche que brillante. Ces conditions sont surtout avantageuses lorsqu'on veut obtenir une projection lointaine des rayons lumineux au moyen des appareils optiques dont il va être question.

Au moment où la lampe d'Argant venait d'être inventée, un savant français, Teulère, ingénieur en chef de la généralité de Bordeaux, s'occupait d'améliorer l'éclairage du phare de Cordouan, à l'embouchure de la Gironde. Ce beau phare existait depuis plus d'un siècle et demi, et chaque nuit un grand feu de charbon de terre était allumé au sommet ; cependant les marins se plaignaient sans cesse qu'il ne fût pas visible d'assez loin en mer. Teulère eut l'idée de remplacer le feu de charbon par des lampes et d'amplifier le pouvoir éclairant du foyer lumineux au moyen de réflecteurs paraboliques qui tourneraient d'un mouvement lent derrière la flamme et promèneraient tour à tour les rayons de lumière sur tous les points de l'horizon maritime. Il pensait obtenir ainsi une illumination beaucoup plus vive. Voici le principe assez simple sur lequel ce nouveau système reposait. Un feu isolé dans l'espace verse sa lumière dans toutes les directions, non-seulement autour du point qu'il occupe, mais aussi au-dessus, vers le firmament, et au-dessous, vers le sol. Il est évident que les rayons dirigés vers le ciel et ceux dirigés vers le sol sont perdus, puisqu'il suffit que le phare éclaire l'horizon. Dans la plupart des cas même, par exemple si le phare est situé sur la côte, les rayons lumineux dirigés vers la mer produisent seuls un effet utile, et ce qui se dirige vers l'intérieur des terres est perdu. Il faudrait donc que l'on pût recueillir tous ces rayons projetés vers le firmament, vers le sol et vers les terres, pour les ramener dans la direction de la mer, qui doit seule être illuminée par le phare. Ce résultat peut être obtenu au moyen de miroirs ou réflecteurs d'un poli parfait et d'une forme convenable que l'on dispose autour du foyer de lumière. Les rayons qui étaient divergents, les miroirs les concentrent, les rendent parallèles, et le faisceau lumineux ainsi formé est renvoyé dans une direction unique, ce qui produit une lueur très vive dans cette direction tandis que les autres parties de l'horizon restent presque dans l'obscurité. Que de plus les miroirs tournent d'un mouvement régulier autour de la lampe, cette lueur est projetée successivement vers tous les points qu'il importe d'éclairer tour à tour. On a un phare à éclipses ou, si l'on aime mieux, à éclats momentanés.

Ce mode d'éclairage est, on le conçoit sans peine, beaucoup plus puissant que ne le serait un feu fixe, puisque les rayons lumineux convergent presque tous à un moment donné vers un seul et même point. Ce fut en 1783 que Teulère fit connaître le projet qu'il avait conçu ; le célèbre astronome auquel d'habitude on attribue à tort cette invention, Borda, en fit aussitôt l'application pratique au port de Dieppe. Peu d'années après, en 1790, un appareil de même espèce, composé de douze lampes à réflecteurs paraboliques, fut installé sur la tour de Cordouan, que Teulère venait d'exhausser. On en mit ensuite dans les autres phares du littoral de la France. Les puissances maritimes adoptèrent cette innovation avec empressement et l'ont conservée jusqu'en ces dernières années, quoique dans notre pays on y ait renoncé, au moins pour l'éclairage des phares principaux, dès que Fresnel eut inventé le système préférable des phares lenticulaires.

Les appareils *catoptriques*, — c'est sous ce nom que les appareils d'éclairage à réflecteurs sont désignés d'habitude, — ont l'avantage d'être légers et peu dispendieux ; mais ils conviennent mieux aux phares à éclipses qu'aux phares à feu fixe. Les miroirs métalliques qui en sont l'élément indispensable se ternissent bien vite et perdent leur poli sous l'influence corrosive de l'air marin ; il en résulte une fâcheuse déperdition de lumière. Enfin, même lorsque ces miroirs sont neufs et en parfait état, ils absorbent et éteignent, au lieu de la réfléchir, une forte partie de la lumière in cidente. N'y aurait-il pas d'autres moyens de concentrer la lumière d'une lampe et de lui donner tour à tour dans chaque direction une intensité plus grande ? On sait par exemple qu'une lentille convexe jouit de la propriété de réfracter dans une direction parallèle à son axe tous les rayons d'une lumière placée à son foyer. De telles lentilles ne pourraient-elles remplir l'office des miroirs paraboliques ? Buffon déjà, sans s'occuper d'ailleurs de l'éclairage maritime, qui n'était pas alors en question, avait songé à faire fabriquer de grandes lentilles en verre, et afin d'éviter que ces masses vitreuses, minces sur les bords, mais de surface bombée, n'eussent au milieu une épaisseur trop considérable, il avait proposé de les entailler par échelons. Plus tard, Condorcet revint sur cette idée en insinuant que les lentilles à échelons, pour être d'une exécution plus facile, pourraient être composées de pièces et de morceaux séparés ; mais ces projets, formulés d'une façon assez vague, n'avaient d'autre but, dans l'intention de Condorcet et de Buffon, que de fabriquer des miroirs ardents pour la concentration des rayons solaires. On ne leur avait pas accordé une attention sérieuse, lorsque, en 1819, un jeune ingénieur des ponts et chaussées, déjà connu du monde savant par de beaux travaux sur l'optique, Augustin Fresnel, fut attaché à la commission des phares et eut mission de s'occuper de l'éclairage maritime. Fresnel conçut le même appareil que Buffon et Condorcet avaient proposé jadis, et il le perfectionna d'une manière admirable. Il composa des lentilles de fragments taillés d'avance avec le plus grand art, raccordés ensuite l'un près de l'autre et solidement assujettis. Il calcula avec une exactitude mathématique la courbure et les dimensions que devait avoir chaque pièce de façon à concourir à l'effet commun. Il inventa encore des machines et forma des ouvriers pour la fabrication de ces nouveaux appareils. Il est juste de dire que les conseils d'Arago ne furent pas inutiles à Fresnel, qui eut aussi le bonheur d'associer à son œuvre un opticien d'un grand mérite, Soleil, capable d'entreprendre sur une large échelle la construction des nouveaux engins dont le service des phares avait besoin et de diriger avec habileté cette industrie improvisée.

C'est aux efforts de ces savants que l'on doit, à des modifications de détail près, les moyens d'éclairage les plus complets et les plus satisfaisants dont on ait jamais fait usage dans les phares. Les appareils lenticulaires ou appareils *dioptriques* donnent aux feux une intensité plus grande que les appareils catoptriques, et en même temps ils permettent d'en varier l'aspect par des combinaisons d'éclipses et d'éclats beaucoup plus nombreuses. Le premier de ces merveilleux appareils fut dressé par Fresnel lui-même en haut de la tour de Cordouan au mois de juillet 1823. Les navigateurs de tous pays, véritables juges en cette question, s'empressèrent d'en proclamer la supériorité. C'est aujourd'hui le seul procédé qui soit admis par les nations maritimes pour l'éclairage des grands phares.

Les personnes qui ont eu occasion de visiter la lanterne d'un phare auront remarqué cet assemblage, un peu confus et compliqué en apparence, très simple en réalité, de lentilles et d'anneaux en verre qui enveloppent de toutes parts la lampe d'où émanent les rayons de lumière. Les dispositions en sont variables suivant que l'on veut produire soit un feu fixe, soit un feu à éclipses avec des éclats espacés de minute en minute, ou de 30 en 30 secondes. Veut-on un phare à éclipses, le tambour qui entoure le foyer lumineux est composé de huit ou de seize lentilles qui tournent d'un mouvement lent et projettent chacune vers l'horizon un faisceau de lumière éclatante. Veut-on un feu fixe, les lentilles sont remplacées par des anneaux qui ramènent toute la lumière qu'ils reçoivent dans un plan parallèle à l'horizon maritime. Quel que soit d'ailleurs le système particulier du phare que l'on visite, on trouvera toujours au-dessus de ce tambour circulaire une coupole qui recouvre l'appareil comme un dôme et qui est composée de prismes en verre assez semblables aux feuilles d'une jalousie. Ceux-ci ont pour objet de recueillir la lumière qui s'échapperait vers les espaces célestes et de la réunir à celle qui sort du tambour circulaire. Au-dessous de ce tambour, on verra aussi une autre série de prismes qui produisent le même effet sur les rayons lumineux que la lampe envoie vers le sol. Ainsi toute fraction de lumière qui se fût dirigée vers les hauteurs de l'atmosphère ou vers la terre, sans utilité pour la navigation, est ramenée par des dispositions ingénieuses dans la direction précise où le marin peut l'apercevoir. La déperdition de lumière n'est pas tout à fait nulle, mais elle est aussi faible que possible.[1] Au reste, le peu de rayons égarés qui se répandent en lumière diffuse autour du phare ne sont pas inutiles, car il est bon pour la surveillance du service qu'on puisse vérifier sans aller en mer que le phare est allumé et que son feu brille d'une lumière égale et régulière. Il est bon aussi que le marin, lorsqu'il est très rapproché d'un phare à éclipses, n'envoie pas la lumière s'évanouir en entier après des éclats intermittents, car il courrait risque de s'égarer en une mauvaise direction pendant cette obscurité factice. C'est seulement pour l'observateur qui en est très éloigné que l'éclipse devient totale.

Au point de vue de l'intensité de la lumière, les résultats obtenus avec les appareils lenticulaires surpassent de beaucoup ce qu'il était permis d'espérer avant les travaux de Fresnel. Un appareil à feu fixe pour phare de premier ordre, avec une lampe unique qui équivaut à 23 becs de lampe Carcel, envoie sur l'horizon maritime autant de lumière que le pourraient faire 630 becs agglomérés au même point. L'effet en est donc amplifié vingt-sept fois par le passage à travers les lentilles en verre. Si l'appareil est à éclipses de minute en minute, l'amplification est bien plus considérable, car l'éclat lumineux qui frappe l'œil au moment de l'intensité la plus vive a autant de puissance qu'en auraient 5,075 becs de lampe Carcel ; l'effet est donc multiplié environ 220 fois. Si l'on veut se rendre compte de l'intensité d'une telle lumière, qu'on imagine, s'il est possible, tous les becs de gaz d'un quartier de Paris concentrés en un seul et même point. Les appareils catoptriques

---

1 On ne peut donner ici qu'un aperçu sommaire du système ; mais il n'est pas superflu d'observer qu'il y a dans l'exécution une foule de détails d'une délicatesse infinie. Tout y est prévu et calculé à l'avance. L'ampleur et la durée de l'apparition du faisceau lumineux sont surtout l'objet d'une étude approfondie.

n'eussent jamais permis de produire de si splendides éclats ; les plus puissants d'entre eux atteignaient à peine 2,700 becs, encore n'était-ce qu'en multipliant outre mesure le nombre des lampes et des miroirs réflecteurs. Au reste les belles lumières dont il vient d'être question ne peuvent être réalisées dans la pratique qu'autant que les diverses pièces composant l'appareil ont été étudiées avec soin dans leurs plus minutieux détails. Au siècle dernier, on a essayé, dit-on, d'établir en Angleterre des phares lenticulaires, et l'on fut obligé d'y renoncer parce qu'ils éclairaient plus mal que la houille ou le charbon de bois. Le succès définitif du système est dû tout entier aux améliorations successives que Fresnel y a introduites, ou, à mieux dire, Fresnel l'a créé de toutes pièces, puisqu'il n'y avait eu avant lui que des projets vagues ou des essais informes. Aussi cet ingénieur mérite qu'on lui attribue l'honneur des brillants résultats que l'administration des phares a finalement atteints. Les phares lenticulaires sont à la fois une conception merveilleuse de la science et un chef-d'œuvre de fabrication industrielle. La science n'est pas moins nécessaire à l'ingénieur qui dessine le plan des prismes réfracteurs que l'adresse à l'artiste qui les polit et les enchâsse en leur monture.

Ce serait une erreur de croire qu'en amplifiant à un si haut degré l'intensité des éclats lumineux, on augmente en proportion la portée du phare, la distance à laquelle il peut être aperçu de la haute mer. Deux causes contribuent à limiter cette distance : la courbure de la terre, qui rejette les rayons en dehors de l'atmosphère, et l'opacité de l'air, qui les éteint. Le premier obstacle dépend surtout de la hauteur du feu au-dessus du niveau de la mer, et l'ingénieur est maître en général d'y remédier en exhaussant la tour du phare autant qu'il le juge utile. C'est donc de la transparence de l'air que dépend surtout la portée. L'air, si translucide sur une faible épaisseur, devient opaque à grande distance pour les lumières les plus intenses. Il en est surtout ainsi de l'air marin, toujours chargé de vapeurs et de brumes. L'appareil de premier ordre à feu fixe, qui produit l'éclat de 630 becs Carcel, est visible jusqu'à une distance de 18 milles marins, autrement dit à 33 kilomètres. L'appareil à éclipses de minute en minute, quoique huit fois plus intense au moment de ses éclats les plus vifs, ne porte pas à plus de 27 milles ou 50 kilomètres. Par certaines nuits, il est vrai, où l'air est d'une transparence exceptionnelle, les portées lumineuses sont supérieures, principalement sur les côtes de la Méditerranée. Il n'est pas rare que du phare du mont d'Agde on aperçoive le feu fixe du cap Béarn, quoiqu'il y ait entre ces deux points une distance de 93 kilomètres à vol d'oiseau.

Les phares des côtes de France sont presque tous illuminés avec des lampes à l'huile de colza. Il était naturel de chercher si d'autres matières combustibles ne se substitueraient pas avec avantage à cette huile, tant au point de vue de l'éclat que de l'économie. Cette dernière considération n'est pas sans importance, car la valeur de l'huile annuellement consommée dans un phare de premier ordre n'est pas inférieure à 5,000 francs. On a essayé les huiles de pétrole et de schiste, qui sont employées depuis plusieurs années à l'éclairage domestique. Elles ont, il est vrai, par rapport aux huiles grasses, l'avantage d'être moins dispendieuses et d'engendrer une flamme plus brillante, quoique moins haute. Il semblerait au premier abord que les appareils lenticulaires font d'autant mieux converger les rayons lumineux que la flamme située à leur foyer est de dimensions plus petites ; mais sans compter qu'il eût été nécessaire de modifier un peu la forme des lentilles et des prismes réfracteurs de la lanterne afin de les approprier à ce nouveau combustible, on a remarqué que le pétrole et le schiste, ne donnent pas un feu aussi régulier et que la flamme en devient aisément fumeuse, dès qu'il y a excès ou insuffisance du courant d'air qui alimente la combustion. On sait de plus que la manipulation, de ces huiles expose à des dangers d'incendie qui eussent été d'autant plus graves dans un phare que les approvisionnements y sont de toute nécessité très considérables. En raison de ces divers motifs, les huiles de pétrole et de schiste ont été déclarées impropres à l'éclairage des phares importants, et l'on n'a trouvé à les employer avec sécurité que dans des fanaux ou feux de ports où les mêmes inconvénients n'ont plus un caractère d'extrême gravité.

D'autres modes d'éclairage, qui ont été proposés tour à. tour et essayés l'un après l'autre par l'administration des phares, n'ont pas eu en définitive plus de succès, à l'exception de la lumière électrique, qui a reçu des perfectionnements inespérés en ces derniers temps, et qui, en conservant son caractère primitif de merveilleuse intensité, satisfait aujourd'hui à des conditions de bon marché et de sécurité qu'elle était loin de remplir autrefois. Tant que l'électricité n'a été engendrée que par des agents chimiques, au moyen des piles de diverse nature, il était impossible d'appliquer ce fluide à des usages industriels ; le prix de revient en était trop élevé et la production trop incertaine. Depuis peu, on produit l'électricité à la vapeur, c'est-à-dire au moyen d'une machine magnéto-électrique dont les organes essentiels sont des aimants fixes autour desquels tournent des aimants mobiles. La rotation de ces derniers est obtenue par une machine à vapeur. L'électricité ainsi engendrée est conduite par des fils métalliques sur deux crayons de charbon qui sont un peu écartés, et dans le trajet de l'un de ces charbons à l'autre elle donne naissance à un arc lumineux très court, d'une blancheur éclatante et d'une intensité extraordinaire. Remarquons en passant que l'ensemble de ces machines est un exemple curieux de la transformation réciproque des agents physiques l'un en l'autre. En effet, avec la chaleur on crée de la vapeur, avec la vapeur de la force motrice, avec la force motrice de l'électricité, et enfin avec l'électricité de la lumière. Ceci montre encore combien l'électricité est loin d'être en mesure de se substituer à la vapeur comme générateur de force motrice, puisque la vapeur est aujourd'hui le mode le plus économique de produire de l'électricité.

L'introduction de la lumière électrique dans les phares présentait certaines difficultés de détail que les ingénieurs surmontèrent par des études et des essais prolongés pendant plusieurs années. Toutefois les résultats obtenus après une longue expérience à l'un des phares de la Hève, près du Havre, ne sont pas encore tellement nets qu'il puisse être question de substituer partout ce mode d'éclairage à celui qui a été adopté jusqu'ici. La flamme électrique a de toutes autres dimensions que la flamme d'une lampe à huile. Tandis que celle-ci mesure, dans les lampes à quatre mèches concentriques des phares de premier ordre, dix centimètres de haut et environ neuf centimètres de large, la première n'a guère qu'un centimètre sur un centimètre et demi. Elle est donc beaucoup plus petite, ce qui semblerait au premier abord favorable à la concentration des rayons que l'appareil lenticulaire doit opérer. Cependant l'expérience a prouvé que cette concentration ne doit pas être trop parfaite, parce que si les faisceaux lumineux qui émergent de la lentille sont trop minces, la plus légère erreur d'orientation suffit pour les envoyer trop haut ou trop bas, et l'horizon maritime n'est plus illuminé comme il convient. Cette difficulté pratique n'est pas facile à saisir ; elle sera mieux expliquée par analogie avec une expérience vulgaire. Si l'on essaie, au moyen d'un très petit miroir, de renvoyer un rayon de soleil sur un objet éloigné, on aura peine à réussir. Cet effet sera produit au contraire avec beaucoup de facilité, si l'on se sert d'une glace d'assez grande dimension. Ce jeu d'enfant montre, assez bien, si je ne me trompe, combien il est important que le faisceau lumineux émergeant de la lentille ne soit pas trop mince. Lorsqu'on voulut éclairer les phares au moyen de la lumière électrique, il fallut modifier le profil des appareils lenticulaires, de telle façon que les rayons ne fussent pas ramenés à un parallélisme trop parfait. Ce changement fut du reste moins grave qu'on eût pu le supposer, parce que les appareils propres à la lumière électrique exigent de moindres dimensions. Le tambour qui supporte les lentilles mesure 1m84 de diamètre dans les phares ordinaires de premier ordre ; avec l'électricité, il suffit de 30 centimètres.

Un autre inconvénient de l'électricité gît dans la complication des machines qui la produisent. La permanence de la lumière est d'une importance capitale, car l'extinction accidentelle d'un feu de phare pourrait mettre en perdition les navires qui dirigent leur route sur lui. Les lampes qui servent à l'éclairage maritime sont d'un usage éprouvé, d'ailleurs le gardien en a toujours une ou deux de rechange en cas d'accident imprévu. En se décidant à remplacer l'huile par l'électricité, les ingénieurs n'ont obtenu la même sécurité qu'en doublant tous les appareils. Il y a deux machines à vapeur, deux lampes électriques, deux appareils lenticulaires, et ces machines doubles se suppléent au besoin. Il en résulte sans doute une dépense d'installation plus considérable ; par compensation, ces deux machines, qui peuvent fonctionner ensemble, si elles sont l'une et l'autre en bon état, donnent la latitude d'allumer deux feux lorsque l'horizon est couvert de brumes et d'accroître ainsi dans une certaine proportion l'intensité lumineuse et la portée du phare. La machine à vapeur supplémentaire servira en outre à mettre en jeu des instruments sonores d'une grande puissance qui, en temps de brouillard très épais, préviendront les navires du voisinage d'un récif. Le prix de revient de l'éclairage électrique n'est guère plus élevé que celui de l'éclairage à l'huile ; moyennant un faible excédant de dépense, chaque phare dispose d'une puissance d'illumination plus considérable. Il est vu de plus loin, ce qui est un grand bien par les temps brumeux. Aussi les marins manifestent-ils eux-mêmes le désir que l'emploi de la lumière électrique soit généralisé. L'éclat de cette nouvelle lumière est même tel que les gardiens chargés de veiller à l'entretien des machines ne la regarderaient pas sans danger. Avant d'y porter les yeux pour vérifier si la flamme est bien régulière et si le foyer lumineux n'a pas changé de position, ils sont obligés de mettre des lunettes bleues ou vertes, et d'une teinte si foncée qu'ils sont alors incapables de distinguer aucun autre objet.

Si je me suis un peu étendu sur les questions que soulève l'emploi de la lumière électrique, c'est afin de faire apprécier combien il est difficile de trouver un mode d'éclairage qui ait toutes les qualités voulues, et combien d'essais préliminaires sont indispensables avant de modifier ce qui existe déjà. Éclat, permanence et en dernier lieu économie dans la dépense, toutes ces conditions doivent être réunies au plus haut degré, sous peine de compromettre les immenses intérêts que l'éclairage maritime a mission de sauvegarder. Les lentilles, les lampes et tous les engins accessoires qui servent à l'éclairage des phares sont en France l'objet d'un commerce important. C'est à Saint-Gobain que sont coulés les fragments de verre dont les lentilles sont composées, et grâce aux soins assidus que reçoit cette fabrication spéciale, cette usine a su toujours fournir un verre bien blanc, bien diaphane, qui conserve sa limpidité et son éclat malgré l'action délétère des particules salines dont l'air marin est imprégné. Deux constructeurs français, MM. Lepaute et Sautter, s'occupent sur une large échelle de l'installation des appareils d'éclairage et en fournissent non-seulement à l'administration française, mais encore à la plupart des nations de l'Europe. On peut apprécier l'importance de cette belle industrie par ce fait, que l'un de ces fabricants a fourni en dix ans quatre cent quatre-vingt-deux appareils complets tant en France qu'à l'étranger. Le grand développement de ce commerce d'exportation ne peut être dû qu'aux perfectionnements et aux soins incessants de la fabrication.

On vient de voir comment les feux des phares sont alimentés et par quels procédés la lumière est portée jusqu'aux limites de l'horizon maritime avec les différents caractères, éclipses ou éclats momentanés, qui les font reconnaître. Il reste à parler des monuments au sommet desquels les feux sont allumés. Sur ce sujet encore, l'ingénieur a eu bien des occasions d'exercer les talents les plus divers.

Section II

L'édifice qui supporte l'appareil éclairant d'un phare doit satisfaire à maintes conditions. Il doit être très élevé, afin que les navigateurs en aperçoivent de loin la lueur hospitalière. Quelquefois on peut le dresser au sommet d'une montagne, comme le phare du cap Béarn, près de Port-Vendres, ou en haut d'une falaise, comme ceux de l'Ailly, de Fécamp et de la Hève sur les côtes de Normandie. Alors il suffit que la tour soit assez haute pour que la lanterne qui la surmonte ne soit ni cachée par des arbres ou des constructions, ni endommagée par la malveillance. Souvent aussi les besoins de la navigation exigent que le phare soit édifié sur le bord de la mer ou même au large sur des rochers à fleur d'eau. Cependant le foyer lumineux d'un appareil de premier ordre ne doit pas être à moins de 40 ou 45 mètres au-dessus du niveau de la haute mer, car cette élévation ne lui donne encore qu'une portée d'environ 30 kilomètres. A un frêle édifice d'une si grande hauteur,[1] il faut une stabilité surabondante de peur que les ouragans ne le renversent ; il faut les soins les plus minutieux en ce qui concerne le choix et la disposition des matériaux, sans quoi les intempéries de l'air, le dégradant un peu chaque jour, en rendraient bientôt la chute imminente. Ces exigences sont plus rigoureuses encore quand la tour est fondée sur un écueil submersible et exposée par les gros temps à toute la violence des vagues.

En outre du feu qui la surmonte, la tour d'un phare est encore destinée à abriter bien des choses. Il y faut des magasins pour les approvisionnements d'huile et d'objets divers nécessaires à l'éclairage, des logements pour les deux ou trois gardiens qui font le quart chaque nuit, afin d'entretenir les lampes et de parer

---

[1] Le phare le plus élevé des côtes de France est celui de Cordouan, qui a 63 mètres de haut, presque autant que les tours Notre-Dame à Paris ; viennent ensuite celui de Dunkerque, 57 mètres ; celui de Calais, 51 mètres ; celui des Baleines, à l'extrémité occidentale de l'île de Ré, 50 mètres.

aux accidents. On réserve aussi une ou deux chambres un peu mieux décorées que les autres pour les ingénieurs chargés de la surveillance. Quand l'édifice est situé sur la terre ferme, ces logements annexes se placent dans un corps de logis adossé à la tour principale ; mais, s'il est baigné par la mer de tous côtés, on ne peut qu'échelonner les chambres et magasins dans toute la hauteur du monument. Dans ce cas, les gardiens ont leur habitation sur le continent, près du port avec lequel les communications sont le plus faciles. Ils y laissent leur famille et viennent seuls passer à tour de rôle une ou deux semaines dans le phare.

Ces édifices isolés, construits au sommet de promontoires escarpés ou sur des rochers submersibles, battus par la tempête sur toutes les faces, sont sujets à des accidents singuliers contre lesquels l'architecte n'a pas l'habitude de lutter. Tantôt la mer, en déferlant avec fureur, projette des cailloux roulés contre les glaces de la lanterne ; par les gros temps, la vague elle-même s'élève, déviée par l'obstacle, jusqu'au sommet de la tour, et retombe avec fracas sur la coupole. Tantôt, quand la nuit est calme, les oiseaux de mer, éblouis par la vive clarté du feu, se précipitent sur les facettes de l'appareil lenticulaire et les mettent en pièces en s'y brisant les ailes. Tantôt le vent, animé d'un souffle égal et persistant, met en branle cette immense tige de pierre et l'infléchit tour à tour dans chaque sens, comme la verge vibrante d'un métronome gigantesque. La tour oscille de droite à gauche, de gauche à droite, et retient sans secousse à sa position première. Ce balancement est quelquefois assez fort, dit-on, pour faire déverser l'huile contenue dans les vases et faire éprouver à certaines personnes le même malaise que sur le pont d'un navire. Néanmoins la maçonnerie de l'édifice n'en semble éprouver aucun effet nuisible ; mais quelle stabilité ne faut-il pas pour résister à de telles épreuves ? Au reste, en voyant ces monuments sveltes et élancés, de forme circulaire, carrée ou octogonale, qui se dressent en l'air avec de belles lignes régulières ; en examinant les puissantes assises qui leur servent de base, l'heureuse harmonie des proportions, l'épaisseur des murailles et l'exiguïté des petites fenêtres qui en éclairent l'intérieur, si peu que l'on soit expert en travaux d'architecture, on a le sentiment instinctif que toutes les conditions d'une stabilité parfaite y sont réunies et qu'ils dureront des siècles malgré les causes multiples de destruction auxquelles ils sont exposés. Par malheur, certains d'entre eux ont été bâtis sur le bord de falaises escarpées dont les vagues et les alternatives des saisons enlèvent chaque année quelques parcelles. C'est ainsi que le cap de l'Ailly, sur lequel s'élève l'un des phares de la côte de Normandie, a déjà été rongé à moitié par la mer depuis la construction de l'édifice qui le surmonte. A moins que les débris accumulés au pied de l'escarpement n'arrêtent l'action destructive des flots, un jour viendra où la tour devra être démolie et transportée plus loin, si l'on ne veut qu'elle s'abîme dans l'Océan avec le sol qui la supporte.

De toutes les tours consacrées à l'éclairage des côtes de France, il n'en est aucune de comparable à celle de Cordouan,[1] qui a été édifiée vers la fin du XVIe siècle, à l'embouchure de la Gironde, sur un rocher que la haute mer recouvre de 3 mètres d'eau. A cette époque les phares étaient des monuments d'une rareté exceptionnelle. L'architecte, Louis de Foix, qui construisit celui-ci, y déploya un luxe d'ornementation dont les édifices plus simples de notre temps ne peuvent donner qu'une idée imparfaite. La tour n'avait dans l'origine que 37 mètres de hauteur ; aussi les navigateurs se plaignaient-ils fréquemment que le feu ne fût pas visible d'assez loin. Deux cents ans plus tard, l'ingénieur Teulère entreprit d'exhausser ce phare, et y réussit sans compromettre la solidité du monument. La hauteur totale en fut portée à 60 mètres au-dessus du niveau des plus hautes mers. Le premier et le second étage, qui appartiennent à la construction primitive, forment deux salles grandioses décorées de sculptures, et l'on a eu grand soin, en les restaurant il y a dix ans, de conserver le style de l'époque et de faire revivre l'ornementation élégante que le premier architecte y avait introduite. Outre le luxe de la construction, ce phare se distingue encore de ceux qui sont isolés comme lui au milieu de l'Océan en ce qu'il y existe, tout autour du pied de l'édifice, une large plate-forme sur laquelle les logements des gardiens ont été bâtis. C'est sous tous les rapports un monument incomparable, tant par la beauté que par l'étendue de la construction, et par le talent dont les ingénieurs ont fait preuve dans les modifications successives qu'ils lui ont fait subir. C'est une œuvre d'art que les

---

[1] Voyez, au sujet du phare de Cordouan, la remarquable étude de M. Elisée Reclus sur le littoral de la France, — *L'Embouchure de la Gironde et la péninsule de Grave*, — *Revue* du 15 décembre 1862.

touristes visiteraient plus souvent s'il ne fallait faire un petit voyage sur mer pour y arriver. « Les formes trop nues de la construction moderne, dit M. Reynaud, ont quelque chose de sec qui contraste d'une manière regrettable avec l'élégance et la richesse trop grandes peut-être de l'œuvre de la renaissance. Le couronnement actuel ne vaut pas à beaucoup près celui qui existait autrefois. Du reste la première impression que fait éprouver l'édifice ne laisse place à aucun regret. On est saisi d'un profond sentiment d'admiration dès qu'on se trouve en présence de ce majestueux monument, s'élevant avec tant de hardiesse du sein de l'Océan. »

Il ne reste aucun souvenir des procédés, très curieux sans doute, auxquels l'architecte du XVIe siècle a dû recourir pour fonder avec tant de succès la tour de Cordouan sur un rocher que les vagues balayaient à chaque marée. On a construit de nos jours plusieurs phares dans des situations analogues. Tel est celui des Héaux de Bréhat,[1] à 5 kilomètres au large de la côte bretonne, sur une roche porphyrique qui était l'effroi des marins, et dont quelques aiguilles seulement émergent à marée haute. Il fut bâti par M. Reynaud, de 1836 à 1839, à une époque où, faute de bateaux à vapeur, les travaux à la mer étaient soumis à tous les caprices des vents et des courants. La construction était rendue encore plus difficile par la violence des courants de marée qui circulent entre les écueils avec une rapidité extraordinaire et par l'agitation de la mer, que le moindre vent fait briser avec fracas contre les récifs. Il fallut d'abord explorer avec soin le plateau sous-marin, déterminer l'emplacement de l'édifice et approprier, en guise de port, une échancrure de la roche où les navires d'un faible tonnage fussent à l'abri lorsqu'ils apporteraient les matériaux à marée basse. Puis toutes les pierres qui devaient composer les assises successives furent taillées et appareillées sur l'île de Bréhat, à 10 kilomètres de l'emplacement du phare. A mesure qu'elles étaient prêtes, on les embarquait, et à marée basse on les mettait en place. Ce qui rendait les travaux plus longs et plus pénibles, c'est que les assises inférieures, celles qui exigeaient le plus de soin et de solidité, étaient recouvertes par la mer deux fois par jour. Il est d'autant plus difficile dans ce cas de donner aux assises une adhérence convenable que

---

1 M. de Quatrefages a donné dans la *Revue* du 15 février 1844 une description complète de ce phare.

la mer dépose sur les pierres immergées des végétations marines, des goémons, qui acquièrent surtout beaucoup de développement lorsque la violence des vagues contraint à interrompre le travail pendant plusieurs jours consécutifs. Auprès du phare des Héaux de Bréhat le récif forme une petite plate-forme à peu près carrée, de 9 mètres de côté, qui s'élève au-dessus du niveau des hautes mers. C'est là que les ouvriers, au nombre de soixante environ, étaient logés ainsi que les ingénieurs qui dirigeaient les travaux. Dès que la mer laissait à découvert la surface du rocher, ils descendaient de cet abri provisoire et y trouvaient un refuge au retour du flot. Dans les constructions telles que celles-ci, qui sont périodiquement noyées et battues par les vagues, les pierres ne peuvent être maintenues en place qu'à la condition d'être solidaires les unes des autres. Elles sont encastrées et s'enchevêtrent, étant taillées à queue d'aronde ; de plus, les assises successives sont reliées entre elles par des dés qui donnent de la cohésion à tout l'ouvrage. Dans les fameux phares anglais d'Eddystone et de Bell-Rock,[1] qui ont fait la réputation de deux ingénieurs, on a même cru ne pouvoir se dispenser de relier les pierres au moyen de boulons en fer d'un assemblage assez compliqué. Ces travaux étaient jadis d'une exécution assez incertaine et très dispendieuse. Ils sont devenus beaucoup plus faciles depuis que l'on sait confectionner des ciments qui acquièrent en peu d'heures la dureté de la pierre. Il serait même possible aujourd'hui de renoncer aux assises de grosses pierres et de fonder un phare sur une simple maçonnerie de béton. Ce procédé expéditif a déjà été employé pour la construction de petites tours qui servent à indiquer aux navigateurs la situation des écueils sous-marins.

Du reste les tours de phare ne sont pas toujours construites en maçonnerie ; en certaines circonstances, on a employé pour ces constructions le fer et la fonte, par exemple pour les phares édifiés sur des côtes désertes ou dans des colonies dépourvues de ressources. On a fabriqué à Paris, en 1862, un phare métallique de 45 mètres d'élévation, qui a été ensuite démonté par pièces et expédié presque aux antipodes, à la Nouvelle-Calédonie, où il signale l'atterrage de Port-de-France. Des nations étrangères ont

---

1 Voyez sur ce sujet l'intéressant travail de M. Alphonse Esquiros, — *les lumières flottantes elles phares d'Angleterre*. — *Revue* du 1er septembre 1864.

fait exécuter en France des tours en tôle pour leurs phares. Par un autre motif, on allume quelquefois des feux en haut de grands échafaudages de fer ou de charpente qui ne sont établis qu'à titre provisoire, et ont pour but de signaler des bancs de sable mobiles dont le gisement change de temps à autre. Les côtes de France en présentent de nombreux exemples. On peut citer le phare de Pontaillac, près de Royan, qui montre la route à suivre pour entrer en Gironde à travers les bancs variables de ce fleuve, et surtout le phare de Walde, simple plateforme établie sur des pieux en fer à 11 mètres au-dessus du niveau supérieur de la mer, sur une plage de sable dangereuse en face du port de Calais.

Les touristes compatissants en excursion sur le littoral ne manquent pas de plaindre le sort des malheureux gardiens de phare, qui sont relégués avec leurs familles à l'extrémité des pointes les plus avancées du continent, loin de toute habitation et de toute ressource, ou, ce qui est pis encore, seuls et bloqués par la mer sur un rocher que les eaux entourent à chaque marée ; mais que dire de ceux qui habitent les pontons flottants ? Lorsqu'il est nécessaire de signaler aux marins un banc de sable ou un récif très éloigné du rivage et de nature telle qu'un édifice stable ne saurait y être construit, on y mouille un navire à l'ancre qui reste là pendant toute l'année. Les mâts, en guise de tours, portent des feux qui en font reconnaître la position aux navigateurs. Les ingénieurs avaient douté longtemps qu'un navire pût se maintenir sans avaries et d'une façon permanente dans cette situation dangereuse. Les phares flottants sont ancrés la plupart sur des points où la mer devient parfois très grosse en raison même de la faible profondeur de l'eau, car les vagues qui roulent silencieusement en pleine mer déferlent avec impétuosité lorsqu'elles arrivent sur un sol plus élevé où la profondeur leur manque. Il y a cinq ou six de ces pontons sur notre littoral. Le plus exposé de tous est mouillé sur le plateau de Rochebonne, en avant de l'île de Ré et hors de vue de la terre. Il y a là une quinzaine d'hommes qui restent à peu près un mois sans revenir au port et qui subissent tous les dangers et les ennuis d'une longue traversée, ballottés sans cesse sur la même place, sans le mouvement et la variété d'aspect et de climat qui font oublier au marin la monotonie du bord.

Phares ou fanaux, feux fixes ou feux tournants, il y a deux cent soixante-quinze points de notre littoral où brillent chaque soir des signaux lumineux, sauvegarde du navigateur. Il serait trop long d'en faire ici l'énumération complète. Tout au plus est-il possible de montrer comment sont répartis les phares de premier ordre, ou phares de grand atterrage, qui grâce à l'éclat de leur lumière et à leur élévation entourent la France d'une ceinture lumineuse non interrompue. On se souviendra que la portée d'un phare de cet ordre varie de 18 à 27 milles, suivant la nature de l'appareil lenticulaire. Pour que les feux de deux phares voisins se croisent, autrement dit pour qu'il ne reste dans leur intervalle aucune partie de la côte sans lumière, ces deux phares doivent être distants de A 5 milles au plus, soit 83 kilomètres.[1]

Dans la Manche d'abord, on trouve les trois phares de Dunkerque, de Calais et du cap Gris-Nez, dont les feux portent jusqu'aux côtes de l'Angleterre. Le premier est à éclipses de minute en minute, le second porte un feu fixe varié par des éclats de 4 en 4 minutes ; le troisième est à éclipses de 30 en 30 secondes. Il est impossible de les confondre. Entre les deux premiers il y a encore deux phares de troisième ordre, celui de Gravelines, qui est à feu fixe, et celui de Walde, qui est aussi fixe avec des éclats rouges. On serait donc tenté de croire qu'il y a là surabondance de feux, si l'on ne réfléchissait à la nécessité d'illuminer d'une façon exceptionnelle le détroit du Pas-de-Calais, où passent tant de navires. A l'ouest du cap Gris-Nez, la côte change brusquement de direction et s'étend en ligne droite du nord au sud sur une grande longueur. Comme il ne s'y trouve aucun grand port d'abri ou de commerce, on s'était longtemps dit que les navires n'avaient aucun intérêt à s'approcher du rivage, et qu'il était inutile de leur en indiquer la position. On a fini cependant par construire près d'Étaples, à l'embouchure de la Canche, deux phares dont les feux fixes sont associés, ce qui les distingue avec netteté des autres phares de cette région. Ensuite les feux de l'Ailly, près de Dieppe, de Fécamp et de la Hève, près du Havre, signalent les abords de trois grands ports et suffisent en même temps à l'éclairage de la côte de Normandie jusqu'à l'embouchure de la Seine. Au sommet des deux tours de la Hève, <u>la lumière électrique</u> resplendit de tout son éclat. Le lit de la Seine

1 En certains cas très rares, la conformation du littoral n'a pas permis de se tenir au-dessous de cette limite ; mais alors la partie de la côte que la lumière des grands phares n'atteint pas est couverte par un feu d'ordre inférieur.

Section II

est jalonné, comme tous les grands fleuves où la navigation est très active, par de nombreux fanaux situés sur l'une et l'autre rive, qui montrent au marin quelles directions il doit suivre afin d'éviter les bancs de sable par lesquels le chenal navigable est rétréci. Au-delà du Havre, la côte devient concave et forme un golfe assez large dont le fond n'est éclairé que par des feux d'ordre secondaire. Vient ensuite la presqu'île du Cotentin avec ses deux caps avancés en mer et deux phares, Barfleur et la Hague, qui en signalent les extrémités. L'un est à feu fixe et l'autre à éclipses ; le marin qui arrive de la haute mer ne saurait donc les confondre. Du cap la Hague jusqu'à Belle-Ile, en face de l'embouchure de la Loire, s'étend la presqu'île bretonne, dont le littoral, déchiqueté par la mer, se hérisse de tant d'îles, d'ilots et de récifs qu'on a été obligé d'y multiplier les phares afin de signaler au loin les dangereux écueils de ces parages. Il n'y a pas moins de neuf phares de premier ordre et huit d'ordre inférieur sur les côtes de Bretagne, et c'est là que s'élèvent les tours de Bréhat, des Triagoz et de Kermorvan, où l'art de l'ingénieur a lutté contre les plus graves difficultés des constructions de ce genre. A l'extrémité du Finistère, le phare d'Ouessant signale l'entrée de Brest ; de même le phare de Belle-Isle signale l'embouchure de la Loire. Belle-Isle est un des principaux atterrages de la côte de France. C'est là que les bâtiments au long cours viennent prendre connaissance de terre et rectifier leur route, pour aller à Nantes, à Saint-Nazaire, parfois même, quand les vents soufflent du sud, pour aller à Lorient.

Au sud de la Loire, le littoral redevient plus sain et moins accidenté. Les phares de l'île d'Yeu, des Baleines et de Chassiron suffisent, avec quelques feux intermédiaires d'ordre inférieur, pour signaler tous les dangers de la côte jusqu'à l'embouchure de la Gironde, que la tour de Cordouan, avec son feu à éclipses de minute en minute, éclaire d'une façon magistrale. Ici encore les feux se multiplient et s'étendent même dans l'intérieur des terres jusqu'à Blaye, sur les deux rives du fleuve. Enfin entre la Gironde et la frontière d'Espagne règnent les dunes de sable sans îles ni découpures intérieures. Les navires évitent d'en approcher. Il a fallu cependant trois phares de premier ordre pour jalonner cette longue étendue de côtes stériles ; mais il n'y a, sauf à l'entrée de l'Adour, aucun feu intermédiaire. C'est la partie la plus nue et la plus ingrate de notre littoral.

Les côtes de la Méditerranée sont saines en général, et la portée des phares y est plus étendue en raison de la plus parfaite transparence de l'air. On s'est contenté d'y établir sept phares de premier ordre et un petit nombre de feux de rang inférieur. Il est à remarquer qu'un phare et quatre fanaux suffisent à signaler les abords de Marseille. Six phares suffisent aussi, avec quelques feux de port, pour tout le périmètre de la Corse. Quant à l'Algérie et aux autres colonies françaises, l'éclairage des côtes n'y est encore qu'ébauché. Les entrées des ports sont seules éclairées ; tout le reste du littoral est pendant la nuit dans une obscurité complète.

Les phares et fanaux de diverses grandeurs dont il a été question jusqu'ici ne sont pas les seuls monuments que la prévoyance humaine élève sur les côtes de l'Océan, afin de prévenir les naufrages. D'autres ouvrages, moins apparents, plus modestes, mais encore bien utiles, complètent l'ensemble des signaux offerts aux navigateurs. Ils se présentent sous des formes variées et portent différents noms, suivant le but qu'ils atteignent et la disposition qu'ils affectent. Ce sont d'abord les *amers*. On désigne sous ce nom, en terme de marine, tout objet terrestre sur lequel le marin peut prendre un repère ou un alignement. Ainsi les clochers, les moulins à vent, de grands arbres, quelquefois des rochers de forme caractéristique, servent à cet usage. Des pics isolés, comme l'Ile de Ténériffe, des volcans qui se couvrent d'un panache de fumée, comme il s'en trouve en certaines parties du globe, sont des amers gigantesques au vu desquels le navigateur rectifie sa position géographique. A défaut de ces signaux naturels, on construit des signaux artificiels, soit un grand mur en maçonnerie qui est peint en blanc pour être visible de plus loin, soit un échafaudage en charpente de forme convenue. Les signaux de cette catégorie ont surtout paru nécessaires sur la longue et uniforme ligne de dunes qui borde les départements de la Gironde et des Landes. On y a dressé aux points les plus apparents de grands amers en bois de 20 mètres de haut.

Veut-on signaler un écueil sous-marin sur lequel les navires dépourvus d'un bon pilote courraient risque de se jeter, on y place une *balise*, sorte de pieu en bois ou en fer qui dépasse un peu le niveau de la mer et est surmonté d'un *voyant* destiné à être aperçu de loin. Parfois les balises prennent les proportions d'un monument, par exemple celle qui a été élevée sur le rocher d'Antioche, récif dangereux situé au milieu du pertuis qui sépare les îles de Ré et d'Oléron. C'est une immense carcasse en fer dont le sommet dépasse de 10 mètres le niveau des plus hautes mers. On a eu la prévoyance de la garnir d'une échelle et d'établir en haut un plancher sur lequel des naufragés trouveraient au besoin un refuge temporaire. Les balises sont le plus souvent de petites tourelles en maçonnerie qui, suivant qu'elles sont peintes en rouge ou en noir, indiquent que le navigateur doit, en venant du large, les laisser à droite ou à gauche. Lorsqu'il s'agit de jalonner un chenal ou d'indiquer les contours d'un banc de sable, on emploie aussi, au lieu de pieux-balises, des bouées, qui sont de petits corps flottants qu'une ancre frappée sur le fond de la mer maintient en une position à peu près invariable. Les bouées ont encore cet avantage, qu'un navire peut s'y amarrer en attendant le moment d'entrer au port, ou, s'il sort, en attendant le moment d'appareiller. C'est même le seul mode d'amarrage dont se servent les navires de guerre sur les rades de la marine militaire. On comprend que les amers, les balises et les bouées ne sont que des signaux de jour, puisque ce sont des signaux obscurs, invisibles la nuit et par les temps de brume. On a eu l'idée ingénieuse d'attacher sur certaines bouées une cloche que l'agitation de la mer suffit à mettre en branle, si bien que le son de la cloche supplée à l'insuffisance du signal visuel, et révèle au marin qui l'entend la proximité d'un danger. Du reste la cloche est d'un usage fréquent sur notre littoral comme moyen de remplacer les fanaux, lorsque le brouillard rétrécit d'une façon notable le cercle d'action de ceux-ci. Il y a des cloches sur la plupart des jetées de nos grands ports, et on les fait sonner par volées intermittentes aux moments où cette ressource accessoire paraît nécessaire. La substitution des signaux acoustiques aux signaux visuels par les temps de brume, quand ces derniers deviennent impuissants, est un des plus importants problèmes que l'ingénieur maritime ait maintenant à étudier, et c'est un problème qui est encore bien loin d'être résolu. Il est facile de s'en rendre compte. La lumière des phares porte, on l'a vu, à plus de 50 kilomètres en temps ordinaire, tandis qu'une cloche assez volumineuse ne se fait guère entendre qu'à 1,200 mètres avec vent debout, par une bonne brise ; les vents violents peuvent même en intercepter tout à fait les sons. Les cloches, les sifflets, les trompettes, les tams-tams, ont été tour à tour mis à l'essai sans qu'aucun de ces instruments ait donné un résultat satisfaisant. On ne saurait en aucune façon comparer l'efficacité des signaux acoustiques à celle des signaux lumineux. La question est toujours à l'étude et donnera peut-être un jour des résultats plus heureux.

Enfin, parmi toutes les indications qu'il est utile de signaler au navigateur qui se dirige vers un port, on a dû comprendre la hauteur de la marée dans le chenal où le navire va passer. Le pilote en effet, après avoir gouverné avec prudence entre les bancs et les écueils qui obstruent la rade, est exposé à s'échouer à l'entrée même du port, s'il se hasarde à y pénétrer à l'heure où la mer est basse. Des signaux de marée se font donc sur les jetées des principaux ports de la Manche et de l'Océan. Les ports de la Méditerranée n'en ont pas besoin, puisque les mouvements de la marée y sont à peine perceptibles. Au moyen de cinq ballons que l'on hisse en l'air, en leur donnant diverses positions conventionnelles, on arrive à signaler de 25 en 25 centimètres toutes les hauteurs d'eau comprises entre 3 et 9 mètres, limites extrêmes pour les navires de long cours. De plus un pavillon blanc avec croix noire et une flamme noire indiquent, suivant la position respective de ces deux objets, que la marée monte ou descend. Un pavillon rouge hissé en tête du mât des signaux avertit que l'entrée du port est interdite. Ainsi, depuis l'instant où le marin aperçoit la terre jusqu'à celui où il se trouve abrité au fond du port, des signes de convention le guident et le pilotent au milieu des dangers qu'il côtoie. Il s'établit entre le navire et la terre ferme une sorte de communication télégraphique qui rend le capitaine aussi sûr de sa marche sur une côte qui lui est inconnue que s'il naviguait toujours dans les mêmes parages. Ce n'est au surplus qu'une application restreinte d'un système de télégraphie marine beaucoup plus complet dont les vaisseaux de guerre ont aujourd'hui le privilège, et dont les bâtiments du commerce seront appelés plus tard à profiter. Sur les points saillants de notre littoral se dressent des sémaphores, c'est-à-dire des mâts à signaux, et au pied s'abrite une petite cabane où, comme dans les phares, des gardiens veillent sans interruption. Au moyen de pavillons combinés en diverses façons variables presque à Tin-fini, ils correspondent avec le navire qui passe au large. Chaque série de pavillon signifie un mot, une phrase, un chiffre d'un vocabulaire convenu à l'avance. Le navire peut, par ce moyen, faire connaître, Sans accoster, le lieu d'où il est parti, demander des secours du des renseignements, s'enquérir des faits qui l'intéressent, annoncer son arrivée au port destinataire. Le vocabulaire dont il s'agit, traduit dans les différentes langues de l'Europe, exprime toujours les mêmes mots et les mêmes phrases par les mêmes signes. C'est une langue universelle d'un nouveau genre. Entre un navire et la côte, ou bien entre deux navires qui se rencontrent en mer, une conversation peut s'engager, bien que chacun des interlocuteurs ne parle que sa propre langue et ignore celle de son correspondant. En l'état d'incertitude où l'on se trouve après une longue traversée, cette correspondance avec l'inconnu, terre ou vaisseau qu'on aperçoit à distance, c'est pour le navigateur une joie et une consolation, quelquefois même c'est le salut du navire et de son équipage.

L'éclairage et le balisage des côtes, pour en revenir à l'objet principal de cette étude, sont sans contredit une institution bienfaisante, puisque les travaux qui s'y rapportent n'ont d'autre but que de prévenir les naufrages. A ce point de vue, on ne saurait priser trop haut les avantages qui en découlent : la vie de milliers de marins en dépend ; mais ces travaux ont aussi un intérêt commercial dont il ne faut pas négliger de tenir compte. De ce que les sinistres maritimes sont rendus plus rares grâce à la portée lointaine des phares, de ce que les avaries au moment de l'atterrage deviennent moins fréquentes et moins graves par l'observation judicieuse des bouées, des balises, des amers et des signaux nautiques, il résulte que le taux des assurances maritimes est moindre et que le prix du fret est moins élevé. Veut-on juger des progrès obtenus sous ce rapport, et par exemple de la sécurité donnée à la navigation nocturne ? Il était impossible, il y a quelques années, d'entrer en rade de Brest pendant la nuit. Aujourd'hui deux petits phares, l'un sur la pointe de Portzic, l'autre sur celle du Petit-Minou, indiquent au navigateur l'alignement à prendre pour passer entre les écueils qui limitent le chenal. « On peut affirmer, disait l'illustre hydrographe Beautemps-Beaupré lorsqu'il fut question d'élever les deux tours qui portent ces feux, on peut affirmer que les moindres avaries que pourrait éprouver un bâtiment de l'état forcé par le mauvais temps à chercher un refuge de nuit dans la rade de Brest occasionneraient plus de dépenses que n'en demande la construction de ces phares. » Des considérations de même ordre justifient les dépenses importantes qui ont été faites afin d'éclairer les abords de tous nos grands ports. Une catastrophe déplorable dont les côtes d'Algérie ont été récemment le théâtre démontre avec plus d'évidence que ne le ferait un long raisonnement combien de richesses et de vies d'hommes l'éclairage maritime peut sauver de la perdition. Le bateau à vapeur le *Borysthène* se dirigeait en ligne droite vers Oran, dont le phare de Mers-el-Kebir devait lui signaler les approches. Entraîné vers l'ouest, sans en avoir conscience, par des courants sous-marins, il s'est misérablement englouti sur les écueils de l'île Plane, dont aucun feu ne révélait la présence. On peut le répéter encore, si rare que soit un tel événement, que sont en comparaison d'une si grande perte les dépenses de construction et d'entretien d'un phare ?

  Les sommes que chaque nation consacre à l'illumination de ses côtes sont en rapport avec le développement de son commerce maritime. En France, la question fut longtemps négligée, et ce n'est que sous la restauration qu'on lui accorda une attention sérieuse. Les belles découvertes de Fresnel dotèrent l'administration française de moyens d'action d'une efficacité surprenante. A ce moment, les travaux hydrographiques de Beautemps-Beaupré firent mieux connaître les dangers de tout genre dont notre littoral est parsemé. L'amiral de Rossel développa alors dans un mémoire remarquable les principes qui devaient servir de base au système des phares et fanaux, et en fit approuver le projet en 1825 par la commission des phares, composée de savants illustres, d'ingénieurs et de marins expérimentés. Les travaux furent commencés sans retard et continués depuis lors sans interruption ; ils sont bien près d'être terminés, au moins en ce qui intéresse la France continentale. Un demi-siècle ne s'est pas écoulé que soixante-dix tours ont été construites à neuf ou ont été l'objet de réparations qui équivalent à une reconstruction totale. Tous les anciens appareils d'éclairage ont été remplacés par des appareils lenticulaires du type le plus parfait. Il serait difficile peut-être de supputer toutes les dépenses qui ont été faites en ces quarante années. On en donnera une idée suffisante en disant que le coût d'établissement d'un phare de premier ordre est rarement inférieur à 200,000 francs et dépasse souvent un demi-million. C'est un chiffre qui varie entre des limites très étendues suivant les conditions où se trouve l'édifiée et les circonstances impossibles à prévoir des travaux à la mer. Quant à l'entretien, un phare de premier ordre, avec le salaire de ses trois ou quatre gardiens, une consommation d'huile de plus de 3,000 kilogrammes et les dépenses accessoires, ne revient pas à moins de 8,000 francs par an. En somme, le budget annuel de ce service public atteint presque 1 million de francs.

Lorsqu'on étudie quelqu'une de ces découvertes brillantes qui décuplent la puissance d'une industrie en la transformant, ou donnent aux œuvres du génie civil un essor imprévu et des moyens d'action plus parfaits, on se demande toujours à qui l'on en est redevable. Cette question se pose avec un intérêt plus sérieux encore quand il s'agit d'une invention qui est, comme les phares, un bienfait pour l'humanité. On s'inquiète volontiers de savoir ce que fut la vie de l'homme à qui le siècle doit un grand progrès. Il est aisé de résumer eu quelques mots la vie d'Augustin Fresnel, l'ingénieux créateur des phares. Né en 1788 dans un petit village de Normandie, admis de bonne heure à l'École polytechnique, il en sortait en 1806 en qualité d'élève ingénieur des ponts et chaussées. Pendant longtemps, rien ne parut révéler l'aptitude scientifique dont il était doué. Vers la fin de 1815, il entend parler par hasard de la polarisation de la lumière, curieux phénomène alors peu connu et dont un officier du génie, Malus, mort jeune aussi, venait de s'occuper avec succès. De ce moment datent ses premières recherches expérimentales sur la science de l'optique, dont il devait eu peu de temps élargir la théorie d'une façon prodigieuse. En 1819, un de ses mémoires sur la diffraction était couronné par l'Académie des Sciences. En même temps Arago, qui était déjà membre de la commission des phares, en faisait nommer Fresnel secrétaire et obtenait qu'en cette qualité il fût chargé de poursuivre les expériences relatives à l'éclairage maritime. Arago déclara plus d'une fois par la suite qu'il regardait comme un bonheur de sa vie d'avoir en cette circonstance soupçonné qu'un ingénieur, alors presque inconnu, serait un des hommes dont les découvertes illustreraient la France. Le choix était en effet heureux, car Fresnel, tout en continuant avec une persévérance infatigable la série de ses recherches sur la théorie de la lumière, sut trouver le temps de perfectionner les lampes des phares et d'inventer les appareils lenticulaires, qui sont un de ses plus beaux titres de gloire. Bientôt l'Académie des Sciences l'admit dans son sein à l'unanimité des suffrages ; il n'avait que trente-cinq ans. Peu après, la Société royale de Londres lui décernait la médaille de Rumford, l'une des récompenses les plus enviées parmi celles que les compagnies savantes distribuent ; mais tant de travaux avaient épuisé les forces du savant. Absorbé par ses recherches théoriques, qu'il poursuivait pour sa satisfaction personnelle, et par les fonctions d'ingénieur, qu'il ne négligea jamais, Fresnel sentit bientôt ses forces décliner, et après une longue maladie il s'éteignit sans souffrance. Si courte que sa vie ait été, il s'est fait une grande place dans l'histoire des sciences. Artisan non moins habile que profond mathématicien, il a su tout à la fois asseoir la théorie nouvelle de la lumière sur des bases scientifiques et créer les modèles d'admirables instruments d'une utilité pratique et providentielle.

Fresnel a eu aussi un rare bonheur. Les ingénieurs qui ont continué l'œuvre principale de ses dernières années, son frère d'abord, Léonor Fresnel, et ensuite l'honorable directeur actuel de l'administration des phares, M. Léonce Reynaud, ont conservé avec un pieux souci le culte de la mémoire du grand inventeur. Certes l'éclairage maritime a toujours été en progrès, on n'a cessé d'innover et d'améliorer peu à peu les types et les appareils ; mais les successeurs de Fresnel n'ont cessé aussi de lui en rapporter le mérite et de présenter comme un simple développement de ses idées primitives des perfectionnements dont ils auraient eu le droit de s'attribuer l'honneur. On aime à voir une institution utile continuer ainsi les traditions d'un homme de génie, et, sans s'abandonner à la routine, ne pas renier le souvenir de son fondateur à mesure qu'elle s'étend et se développe. C'est qu'aussi la science et la théorie devaient être les bases fondamentales de l'industrie des phares, et que ceux-là surtout sont aptes à rendre justice aux recherches de leurs devanciers qui savent les continuer à l'occasion.

ISBN : 978-1976540400

www.ingramcontent.com/pod-product-compliance
Lightning Source LLC
Chambersburg PA
CBHW050251230526
45470CB00005B/2210